I0054115

MARKETING EN FACEBOOK

Guía para hacer crecer tu marca con Facebook

Jacob Kirby

Copyright © 2024 by Rivercat Books LLC

All rights reserved.

No portion of this book may be reproduced in any form without written permission from the publisher or author, except as permitted by U.S. copyright law.

CONTENTS

INTRODUCCIÓN

¿Qué tienen en común las empresas, las personas influyentes en las redes sociales y las marcas?

Aunque parezca un chiste de mal gusto, es una pregunta que hay que hacerse porque, al fin y al cabo, todos necesitan una cosa: marketing.

Todas ellas necesitan marketing de algún modo, forma o manera para aumentar su presencia y dirigirse al público objetivo. En pocas palabras, así es como crecen. Las empresas necesitan más clientes que las conozcan y compren lo que venden; los influencers buscan más seguidores, y las marcas dependen de ambos para prosperar. Hay muchas vías de marketing, y siempre las ha habido. Pero, ¿cómo elegir la más adecuada para alcanzar el éxito?

Hay una forma de marketing que ha ido ganando terreno en los últimos veinte años: el marketing en las redes sociales. Las plataformas de medios sociales han proporcionado a muchas personas y empresas una magnífica oportunidad para comercializar sus productos o servicios de forma más fácil y fructífera. En las redes sociales, la gente puede crear redes, compartir información, encontrar los productos que desea y, finalmente, comprarlos. Las marcas no sólo las utilizan para aumentar sus ventas, sino también para atraer a su público, ya que las redes sociales pueden influir en las decisiones de los consumidores. A pesar de que el principal objetivo del marketing es vender, las redes sociales han proporcionado a los profesionales del marketing una nueva perspectiva: Ofrecer contenidos atractivos es la mejor estrategia para crecer.

Además, los medios sociales han integrado herramientas de análisis de datos que permiten conocer mejor a las audiencias, lo que proporciona información relevante para dar los siguientes pasos. Los canales de marketing tradicionales no han desaparecido, pero las redes sociales han desarrollado un embudo que concentra todas las acciones en la misma plataforma. Promoción, conexión, interacción, información y conversión... todas estas acciones tienen lugar en los medios sociales. Por lo tanto, los medios sociales no sólo son eficaces: También son fáciles y de bajo coste. Esa es la razón principal por la que todo tipo de negocios, empresas de todos los tamaños y emprendedores recurren a los medios sociales para crecer.

Entre todos los medios sociales, Facebook es la mayor red social del mundo, con la mayor audiencia y las cuentas más activas. Aunque su objetivo original no era el comercio, hoy en día, prácticamente cualquier empresa o persona que quiera hacer negocios debe tener presencia en Facebook.

El marketing en Facebook tiene ventajas tanto para los vendedores B2B como B2C, con una baja inversión de tiempo y dinero en comparación con otros canales de marketing tradicionales, así como un mayor retorno de la inversión. Hay dos formas principales de comercializar tu marca o negocio en todas las plataformas de redes sociales: pagando por anunciarte y creciendo orgánicamente.

La publicidad de pago le permite llegar a un determinado número de personas durante un determinado periodo de tiempo en función de sus necesidades. La ventaja es que puedes llegar a miles de usuarios activos sin necesidad de que te sigan o te encuentren primero. La plataforma de las redes sociales puede "llevar el anuncio" al cliente potencial en lugar de tener que llevarlo usted al anuncio.

Crecer orgánicamente significa hacer crecer su página en la plataforma de medios sociales aumentando sus seguidores y el número de personas que visitan su página con el tiempo. La ventaja es que la tasa de conversión suele ser mayor que con la publicidad de pago.

Ambas alternativas tienen la ventaja de aumentar el tráfico a tu sitio web y, a la larga, tendrán un efecto multiplicador en todos tus canales de venta. Facebook es la puerta de entrada de tu negocio, y debes aprender a hacer un uso rentable y eficaz de ella. Tanto si ya tienes una página en Facebook como si aún te preguntas si deberías tenerla, en los siguientes capítulos encontrarás las razones y las herramientas para hacer un hueco a tu marca en esta red social.

CAPÍTULO 1: FACEBOOK PARA PROMOCIONAR TU MARCA

El punto clave del marketing es satisfacer las necesidades de los consumidores con los bienes o servicios que usted ofrece y que pueden satisfacer esas necesidades. El marketing increíble es el que muestra a los consumidores que tienen necesidades que ni siquiera conocen. Los medios sociales se han convertido en una de las herramientas más eficaces para satisfacer las necesidades de los consumidores y ofrecerles soluciones, incluso cuando no las estaban buscando. Esa es la principal diferencia entre los medios sociales y el marketing tradicional: Mientras que este último obviamente impulsaba las ventas, los medios sociales hacen que los usuarios sientan que tienen el control. Le da la vuelta al proceso.

En las redes sociales, los usuarios entran en contacto con todo tipo de contenidos que influirán en sus decisiones y les llevarán a desear, necesitar y, en última instancia, comprar, sin ni siquiera darse cuenta. A través de los contenidos de las redes sociales, los usuarios dan forma a sus opiniones, preferencias y necesidades, como parte de la interacción global que se produce dentro de esas grandes comunidades sin fronteras a las que pertenecen. Los medios sociales tienen dos propósitos principales para el marketing: Llegan a grandes audiencias para promocionar un producto o servicio, y fomentan la interacción. Esto ayuda a crear comunidades, pero también permite a las marcas recibir cierta retroalimentación de las audiencias, lo que constituye otra ventaja notable frente a los canales de marketing tradicionales.

Entre todas las redes sociales, Facebook ocupa el primer lugar en la clasificación de las plataformas más activas del mundo, con 2.934 millones de usuarios activos mensuales, según un informe de julio de 2022. Con una población mundial de 7.000 millones de personas, más del 40% de ellas tienen una cuenta activa en Facebook. ¿Existe alguna otra forma de llegar a semejante audiencia a través de cualquier método de marketing tradicional?

He aquí otra estadística significativa que probablemente querrá tener en cuenta: El 73% de la audiencia publicitaria mundial en las redes sociales pertenece a Facebook. Estas cifras demuestran que, a pesar de la aparición de muchas otras plataformas de redes sociales, Facebook sigue siendo dominante. De hecho, muchos de los nuevos medios sociales han pasado a formar parte de la empresa Facebook, ahora denominada Meta.

Meta no sólo ha sido disruptivo en comunicación y marketing, sino que ahora está revolucionando todo el mercado de contenidos con el metaverso y sus innumerables aplicaciones que, en su mayoría, aún están por descubrir. Sin embargo, las funciones más básicas de Facebook son suficientes para impulsar tu negocio hasta niveles que no habías imaginado.

Facebook y la marca

Haga lo que haga o venda, es casi seguro que no es el único. Al mismo tiempo, nadie más puede ofrecer exactamente el mismo producto o servicio que usted. La clave para que la gente lo sepa y te elija entre todos tus competidores es **la marca**.

El branding implica construir el nombre y la imagen de cualquier organización, perfil profesional, producto o servicio con un significado particular que conformará la mente de los consumidores. Se denomina **identidad de marca** y ayuda a que los clientes te reconozcan, te recuerden y te prefieran entre los demás porque entienden qué te hace diferente y especial. A continuación, la estrategia de marketing debe tratar de establecer el posicionamiento de la marca: siempre que los clientes tengan una necesidad concreta, tu marca será la primera opción que les venga a la mente.

El objetivo principal del marketing, así como de la creación de marca como proceso básico, es atraer el interés de los clientes y otras partes interesadas y hacer que quieran volver. Implica un profundo conocimiento del público objetivo. Las decisiones de los consumidores vienen determinadas por muchos factores, como las necesidades, la calidad y los incentivos, pero al final se inclinan por la opción que conecta con sus emociones más profundas. Por tanto, lo que da ventaja a una empresa sobre la competencia es la capacidad de conectar con las emociones de los consumidores. Los clientes elegirán la marca que mejor encaje con su propia identidad: en otras palabras, la marca que les haga sentir más felices y cómodos.

Por supuesto, el producto o servicio que ofrece la empresa, organización o individuo debe estar en consonancia con la identidad de marca que han creado. No hay compromiso por parte de la audiencia si no existe correlación entre lo que se le ofrece y lo que finalmente recibe.

Ahora debería estar claro que el desarrollo de tu identidad de marca y tu estrategia de marketing dependerá de lo bien que conozcas a tu público objetivo. Facebook, al ser una red social donde los usuarios tienen un papel central, es una excelente fuente de información sobre lo que el público quiere, cómo se siente y qué espera. Las redes sociales proporcionan los canales para obtener comentarios del público, y la oportunidad de verlos y oírlos cuando quizá no se lo esperan.

Una vez que has recopilado suficiente información sobre tu audiencia o has definido tu **buyer** *persona* **-ese** cliente ideal al que quieres atraer y retener-estás listo para diseñar y aplicar una estrategia de contenidos que mejore el posicionamiento de tu marca. Ahora verás la importancia de tener una estrategia de contenidos agresiva para mejorar tu presencia en las redes sociales.

Los medios sociales y las redes sociales como Facebook se basan en el **marketing de contenidos**. Como ya se ha dicho, los canales de marketing tradicionales transmitían mensajes con el objetivo principal de realizar una venta, o **una conversión**. En los medios sociales, esto es bastante diferente porque el comportamiento de los consumidores ha cambiado. La gente no se siente cómoda cuando se la convence para que compre cosas. Ellos -nosotros, más bien- preferimos creer que nuestras decisiones de compra son fruto de nuestro libre albedrío. Por lo tanto, los mensajes que tienen una intención manifiesta de vender no suelen tener éxito. Los contenidos de calidad tienen la capacidad de influir en el libre albedrío de los consumidores y hacer que deseen el producto o servicio que ofreces.

Sin embargo, una buena estrategia de contenidos en las redes sociales exige contenidos relevantes y significativos para la audiencia. No se trata sólo de la cantidad (aunque también es importante), sino de la calidad. Por eso una estrategia de marketing de contenidos necesita planificación y medición de resultados. Hay que comprobar qué valora la audiencia y qué no, pero volveremos sobre ello más adelante. Echemos ahora un vistazo más de cerca a su estrategia de contenidos.

El contenido que utilices en las redes sociales, y en particular en Facebook, debe proporcionar información relevante a tu audiencia, por ejemplo, una solución a cualquier problema que puedan tener. En primer lugar, debes tener una idea clara de quién es tu buyer persona y, a continuación, definir el **recorrido del cliente**. Este es otro concepto importante que hay que tener en cuenta a la hora de diseñar estrategias de marketing de éxito. Hay todo un proceso desde el momento en que la persona empieza a considerar un producto, luego decide hacer una compra y finalmente completa la venta. Ese proceso se denomina recorrido del cliente, y usted debe decidir en qué momento de ese recorrido su marca va a ayudar al cliente a satisfacer sus demandas. El tipo de contenido que produzca depende directamente del arco del viaje del cliente que prevea para la marca.

En términos generales, la producción de contenidos es un proceso creativo cuyo principal objetivo es generar compromiso con la audiencia. El contenido puede tener tres posibles intenciones:

- inspirar

- enseñar

- entretener

Los contenidos inspiradores invitan a los usuarios a desarrollar un sentimiento de pertenencia. Su objetivo es persuadirles a través de la motivación emocional para que alcancen determinados objetivos o realicen determinadas acciones. El vínculo de fidelidad de los usuarios se construye a través de esa conexión emocional.

Los contenidos educativos tratan de enseñar tanto sobre el producto o servicio que ofrece la empresa como sobre las necesidades que pueda tener la audiencia. El engagement llegará cuando los clientes sientan que la marca proporciona información útil, más allá de lo que intenta vender.

El contenido entretenido es, sin duda, lo que mejor funciona en las redes sociales. Cuando los usuarios navegan por las redes sociales, no buscan deliberadamente cosas que comprar, ¡sino entretenimiento!

La buena noticia es que Facebook es una red social versátil donde todo este contenido puede producirse y compartirse fácilmente. Esto sitúa a Facebook como una de las mejores plataformas para anclar y desarrollar la marca de cualquier empresa, grande o pequeña.

Atraer clientes con una página de Facebook

Facebook tiene dos posibles tipos de usuarios que comercializarán en la plataforma: empresas/organizaciones y personas con perfiles profesionales que persiguen objetivos más allá del mero entretenimiento o la interacción social. Los perfiles personales están reservados a las interacciones interpersonales: compartir fotos, estar en contacto con los amigos, mostrar tus logros y recibir felicitaciones y cariños. Pero para los negocios, no es la mejor opción.

Los perfiles personales tienen muchas limitaciones que impedirán que tu marca crezca a su máximo potencial. Por ejemplo, no podrás tener más de 5.000 contactos. Puede parecer una cifra enorme, pero no es nada si se compara con la suma de todos los usuarios activos de Facebook (más de 2.000 millones cada mes). Sólo por eso, utilizar un perfil personal para promocionar tu marca o empresa no es la mejor idea.

Por otro lado, otras normas y algoritmos no te permitirán publicar ciertos contenidos, porque Facebook pretende preservar el espíritu de una red social. Si infringes las normas con frecuencia, Facebook puede incluso suspender tu cuenta sin previo aviso.

Sin embargo, Facebook tiene otro tipo de página para los vendedores, llamada página de fans.

En primer lugar, veamos qué es una página de fans y los elementos constitutivos de una gran página. Se trata de un perfil de empresa que proporciona a los usuarios distintas herramientas de marketing para poner en práctica sus estrategias, programar contenidos, gestionar anuncios de pago, profundizar en el análisis de datos y coordinar botones de llamada a la acción, todo ello con el objetivo de llegar a un público más amplio y atenderlo.

Entre las muchas razones que se podrían enumerar, podemos señalar las siguientes para dejar claro por qué una página de fans en Facebook es imprescindible para tu estrategia de marketing:

- Le permite llegar a las audiencias a las que se ha dirigido en el pasado, pero también ampliar el conocimiento de su marca a nuevos grupos demográficos.

- No necesitas agregar gente y esperar a ser aceptado para transmitir tus mensajes, por lo que tu alcance excede tu red inicial de contactos.

- El contenido publicado puede hacerse viral, aumentando el tráfico a otras redes sociales y sitios web. Tu mensaje llegará a un público más amplio; incluso a usuarios que no son tus seguidores.

- Permite interacciones que ayudan a aumentar el compromiso con la audiencia y a incrementar el crecimiento orgánico.

- Los perfiles de los competidores también están disponibles allí, llenos de información sobre sus productos/servicios y sus propias estrategias de marketing. También es posible encontrar otras partes interesadas con las que formar alianzas para ampliar la red empresarial.

- Proporciona las herramientas necesarias para crear y gestionar campañas de marketing.

- Es muy intuitiva, lo que ahorra tiempo; no se requieren muchos conocimientos para hacer un uso eficiente de la plataforma. No es necesario tener competencias especiales para ser un usuario activo, por lo que es accesible a cualquier persona con conocimientos informáticos básicos.

- A pesar de la aparición de otras redes sociales, Facebook sigue siendo la más popular entre personas de todas las edades, en todo el mundo.

- Facebook ofrece una amplia gama de formas posibles de publicar contenido en diferentes formatos, dependiendo del mensaje, el propósito y la fase del embudo de ventas en la que se encuentren tus clientes potenciales.

- Permite una interacción fácil y natural con la audiencia para mejorar y aumentar la conversación entre los consumidores y la marca.

- Como red social con cada vez más competidores, Facebook sigue evolucionando para actualizar las funciones disponibles, por lo que la empresa siempre está a la vanguardia de la innovación.

Por último, pero no por ello menos importante, una marca sin página de fans parece menos profesional. Facebook ha adquirido tal reconocimiento que ahora es indispensable que cualquier marca tenga un perfil empresarial. Cuando un nuevo consumidor quiere saber algo sobre una empresa, una organización o un profesional, Facebook suele ser el primer lugar en el que busca más información. Es una especie de carta de presentación de tu empresa. Para muchas empresas, crear esta página será uno de los primeros pasos para cultivar la legitimidad social y ganar relevancia.

El siguiente paso tras darte cuenta de la importancia de Facebook para tu estrategia de marketing es crear un perfil empresarial atractivo: tu página de fans. Todo el perfil debe estar totalmente alineado con la identidad de la marca. Es un camino de doble sentido: Tu perfil de Facebook ayuda a crear y consolidar tu identidad de marca y, al mismo tiempo, tu página de fans tiene que reflejarla. Cuando cualquier usuario, de tu audiencia local o del extranjero, visite tu perfil, lo mejor es que reconozca tu marca de inmediato.

Cada página de fans está vinculada a un perfil personal. Sin embargo, si no hay un nombre importante detrás de la empresa o la organización, puede ser cualquiera. Si tienes un negocio personal o lo que necesitas es un perfil profesional, tu cuenta personal puede ser útil para llevar seguidores de una página a otra.

Existen diferentes tipos de páginas de fans, y debes elegir la que mejor se adapte a tus actividades o al nicho de mercado de tu negocio. Recuerda que Facebook como plataforma para crear marca no es sólo para productos o proveedores de servicios. El marketing no es sólo la forma de aumentar las ventas, sino también de ampliar tus actividades profesionales, sean cuales sean. Facebook lo sabe y por eso puedes elegir entre seis opciones de páginas de fans:

- Negocio o lugar local

- Marca o producto

- Empresa, organización o institución

- Entretenimiento

- Causa o Comunidad

- Artista, grupo de música o personaje público

La forma correcta de decidir la opción correcta para tu fan Page depende menos de cómo te ves a ti mismo o a tu negocio, sino más de cómo te va a ver tu buyer persona. Además, cada tipo tiene características especiales relacionadas con su respectiva categoría. Aquí, más no significa necesariamente mejor: La categoría que elijas debe reflejar lo que haces, aunque haya otras opciones con más características disponibles.

Algunos aspectos importantes para crear una página de fans de éxito en Facebook son los siguientes:

- Fotos de perfil y portada: Son lo primero que ven los usuarios cuando visitan el perfil de tu empresa. En el caso de empresas y organizaciones, debes utilizar el logotipo de la marca, para que los usuarios te reconozcan automáticamente. También deberías utilizar una paleta de colores que coincida con la identidad de tu marca. Así, los usuarios sabrán con certeza que no están en la página de un suplantador. Si cambias tu foto de portada periódicamente, aumentarás la visibilidad entre tu público, ya que al hacerlo aparecerá automáticamente una notificación para tus seguidores.

- Elija un nombre fácil de buscar: este no es el lugar adecuado para ser demasiado creativo. El nombre de la empresa, la organización o tu nombre profesional servirán. Así es como le buscarán sus clientes potenciales. Puedes utilizar un máximo de 50 caracteres.

- Rellene la sección "Acerca de" con toda la información relevante sobre su negocio. Este es el lugar para hablar de la misión, la visión y los objetivos, pero también para compartir información útil que conduzca a los visitantes a su escaparate, ya sea digital o físico.

- Añade un botón de "llamada a la acción". Una de las mejores características de las redes sociales es la posibilidad de invitar a los usuarios a interactuar con tu cuenta. Puedes elegir entre opciones como "Ver vídeo" o "Registrarse" y personalizarlas.

Las páginas de fans ofrecen una amplia gama de herramientas y recursos para crear campañas de marketing de éxito. Tener una idea clara sobre la identidad de la marca, el perfil del comprador al que se quiere atraer y un plan bien diseñado son aspectos clave para lograr el éxito a la hora de hacer marketing en Facebook.

CAPÍTULO 2: ESTRATEGIAS DE CRECIMIENTO EN FACEBOOK

Tras crear los perfiles adecuados para su empresa, el siguiente paso es planificar una estrategia de contenidos. Un crecimiento sustancial y constante requiere mucho más que publicar contenidos periódicamente. Todo el contenido debe tener un propósito y ser coherente con la imagen de la marca.

Las directrices para seleccionar, producir y programar los contenidos que se van a publicar dependen del público al que vayan dirigidos. Es importante tener objetivos claros, como: crear comunidad, aumentar las ventas, crear conciencia o hacerse viral, entre otros. El objetivo le ayudará a determinar el tipo de contenido que debe producir y las mejores herramientas para hacerlo. Más adelante hablaremos de los distintos tipos de contenidos que le puede interesar producir.

Facebook, como cualquier otra plataforma de medios sociales, funciona con algoritmos, es decir, conjuntos de cálculos que deciden lo que aparecerá en las pantallas o newsfeeds de los usuarios. Estos algoritmos analizan los datos para hacer predicciones sobre lo que los usuarios quieren ver en función de sus búsquedas y visitas anteriores en todas las redes sociales. La conclusión es que, para llevar a tu público objetivo a tu perfil, hacer que quieran quedarse y atraerlos para que vuelvan, necesitas producir contenidos que valoren, guarden y compartan.

Crecimiento orgánico

El crecimiento orgánico está relacionado con el alcance orgánico. El alcance orgánico de una cuenta se refiere a todos los usuarios únicos que visitaron o vieron el perfil en su feed o en su página, como resultado de publicaciones no pagadas. Incluye el número de personas que ven una publicación de un perfil a través de la distribución no pagada.

Los motores de búsqueda de Facebook ofrecen resultados basados en aspectos como la frecuencia de las publicaciones y la popularidad determinada por la interacción de los usuarios. Mediante el análisis de las publicaciones, Facebook clasifica el contenido en función de la probabilidad de que un usuario interactúe con él. De este modo, Facebook tiene el poder de colocar tu contenido en los feeds de los usuarios que tienen más probabilidades de interactuar con él.

En pocas palabras, esto significa que el alcance orgánico se dirige principalmente a tu público base, contactos genuinos y seguidores que ya te conocen, pero cuanto más a menudo publiques y más interacciones consigas de ellos, más probable será que tu perfil llegue orgánicamente a otros usuarios de fuera de tu red particular, todo ello sin distribución pagada.

Tres factores influyen en el rendimiento de una cuenta en esa clasificación:

- Inventario: Se refiere a todas las publicaciones de amigos, grupos y cuentas seguidas por el usuario.

- Señales pasivas y activas: Las primeras son las que no dependen de las acciones de los usuarios, como el tiempo de visualización o de publicación; las segundas son las que proceden de las interacciones de los usuarios.

- Predicciones: Facebook se anticipa a lo que el usuario elegirá para interactuar según su comportamiento previo en la plataforma.

En 2022 se produjeron cambios en los algoritmos de Facebook con la intención de limitar la aparición de contenidos no deseados en los feeds de los usuarios. A pesar de que el alcance orgánico tiene como público objetivo a tus seguidores, el objetivo más allá de esto es generar interacciones que lleven tu contenido a personas ajenas y se traduzcan en más seguidores. De esta forma, tu contenido se posicionará progresivamente mejor para que aparezca en el feed de usuarios que aún no te siguen.

Los nuevos algoritmos añaden nuevas restricciones a ese flujo de contenidos. Por lo tanto, ahora es más difícil aumentar el alcance orgánico, pero no es imposible. Una de las razones que pueden afectar al alcance orgánico, además de las nuevas señales del algoritmo, es que cada vez se publica más contenido, por lo que la competencia es mayor. Además, los usuarios de Facebook disponen de funciones para personalizar sus experiencias en la red y tienen feeds personalizados. Por lo tanto, para transmitir tu mensaje a esos perfiles personalizados, tienes que ofrecer contenidos interesantes y atractivos.

Aunque Facebook ofrece la alternativa de la distribución de pago, es importante dedicar parte de tu estrategia de marketing al crecimiento orgánico.

Existen acciones sencillas que pueden implementarse en su estrategia de contenidos para impulsar el alcance orgánico:

- **Utiliza más contenidos visuales y audiovisuales.** Este tipo de contenido es más eficaz que el texto en Facebook. Hace que los usuarios permanezcan más tiempo en tu feed o post y fomenta mayores tasas de interacción.

- **Programar la publicación.** Hay momentos del día en que los usuarios son más activos en las redes sociales. Si sabes cuándo es más probable que tu público esté conectado, puedes ser estratégico y hacer que Facebook publique tu post en ese momento, aumentando así las posibilidades de que los usuarios interactúen con él. Este es un elemento fundamental de cualquier estrategia de alcance orgánico.

- **Encuentre un flujo.** Publicar periódicamente es uno de los factores más importantes, pero no quieres abrumar a tu audiencia. Es difícil equilibrar cantidad y calidad; debes dar prioridad a la calidad y, al mismo tiempo, crear un buen horario de publicación. Puedes probar a publicar diferentes cantidades durante unas semanas para determinar qué número de publicaciones al día o a la semana resulta en un compromiso óptimo. Más no siempre es mejor.

- **Siga las tendencias y utilice hashtags.** En las redes sociales se trata de participar en conversaciones globales. Los hashtags aluden a lo que la gente está hablando. Es una forma fácil de conocer los intereses de la audiencia. Debes utilizar las tendencias para participar en conversaciones relevantes y añadir el toque personal que te hará destacar entre la multitud.

- **Evite el clickbait.** Los algoritmos también controlan la calidad del contenido publicado. El clickbait excesivo y las publicaciones con enlaces que alejan a la audiencia de tu página no suelen funcionar bien, sobre todo a largo plazo.

- **Publique contenidos de calidad.** Obviamente, es más fácil decirlo que hacerlo, pero es la forma más eficaz de atraer a su público.

Facebook también tiene una función que sirve para mantener a tu público actualizado y atento a tus publicaciones. Se trata de la posibilidad de activar las notificaciones para tus publicaciones, de modo que tus seguidores reciban un aviso cada vez que publiques algo en Facebook. Puedes hacer una llamada a la acción para pedir a tus seguidores que activen las notificaciones de las publicaciones de tu perfil. Es una forma estupenda de aumentar el alcance orgánico, siempre que publiques contenidos de calidad que gusten a tu público.

Interacciones significativas

Para aumentar el alcance orgánico, el contenido publicado debe ser de alta calidad y hacer que su audiencia quiera interactuar con él. Esto se conoce como interacciones sociales significativas (MSI) y tienen un valor especial en el algoritmo.

Los comentarios, "me gusta" y "compartir" son las interacciones significativas más frecuentes entre los usuarios. Esto significa que los algoritmos no recompensarán únicamente el tiempo dedicado a desplazarse por el feed de un perfil o a ver un vídeo publicado. Para subir en la clasificación de Facebook, tu cuenta debe conseguir que tus seguidores interactúen activamente: compartiendo el contenido en sus propias noticias, etiquetando a amigos y familiares en los comentarios o reaccionando a las publicaciones.

Para impulsar el MSI dentro de tu perfil, necesitas crear contenidos que respondan a los intereses de tu público objetivo y que les hagan sentirse parte de las conversaciones globales que ya hemos tratado. Una forma de aumentar el MSI es fomentando la interacción colaborativa entre tus seguidores. Una buena forma de hacerlo es creando o formando parte de grupos a los que la gente se une en función de sus intereses.

Se ha señalado que el contenido de calidad es crucial. Una forma de generar ICM es crear contenidos fuera de lo común. Es decir, contenidos innovadores y disruptivos en diferentes formatos que sorprendan a la audiencia y hagan que quieran compartirlos. Seguir las tendencias le situará en conversaciones relevantes, pero este tipo de contenido revelará lo que le hace diferente y no tiene rival entre sus competidores. La inspiración puede venir de campañas de otras marcas, de publicaciones de tus seguidores y de ideas vintage para reciclar. Intenta pensar como tu buyer persona e imagina lo que esperaría -o no esperaría- para ver qué tipo de contenido podrías producir.

A continuación, debe aprovechar la principal ventaja que ofrecen las redes sociales: la posibilidad de crear grandes comunidades y conseguir que la gente sienta que la marca es el vínculo que les une. Planifique una estrategia de marketing para posicionar su marca en un lugar al que sus seguidores puedan pertenecer. Tu marca refleja una visión compartida del mundo. Construir una comunidad implica promover conversaciones entre usted y su audiencia, así como entre miembros individuales de la audiencia. Es una característica destacada y revolucionaria de las redes sociales para la creación de marcas.

Las interacciones significativas harán que la actividad de tu perfil en Facebook se convierta en conversiones. Esto no significa exactamente que la red social se convierta en tu principal canal de ventas. Facebook dispone de herramientas para canalizar el tráfico de ventas, pero el objetivo principal de la estrategia de marketing en Facebook es aumentar el branding, crear un vínculo leal con tu audiencia y hacer que se identifiquen con los valores de la marca. Cada vez que tu contenido aparezca en su News Feed, lo ideal sería que sintieran que la marca coincide profundamente con sus propios intereses y deseos, incluso con aquellos que no sabían que tenían.

Messenger: Mantente en contacto con tu público

Un punto clave para crear comunidad a través de los medios sociales es interactuar con fluidez con tu público. La gente quiere saber de ti y, como hemos visto, tú también necesitas saber de tu público objetivo. Por lo tanto, si utilizas eficazmente todos los canales de comunicación que Facebook pone a tu disposición, conseguirás una interacción productiva con tu público, ya que se sentirá más implicado y confiado en la marca.

La posibilidad de tener una respuesta directa y constante del público es lo que da la vuelta a la relación entre vendedor y comprador. Los canales de marketing tradicionales tenían medios de comunicación unilaterales, y figurativamente "gritaban" a la audiencia para que comprara cosas. Las redes sociales han convertido esa comunicación en canales horizontales en los que la marca puede hablar con los consumidores, así como escucharlos y aprender de ellos. El objetivo es demostrar que la marca puede entender sus necesidades y formar parte de las soluciones, pero es un mensaje más implícito. El consumidor forma parte de la conversación que acabará llevándole a elegir la marca frente a otras.

Facebook, como otras redes sociales, ofrece muchas formas de estar en contacto con tu público. Por ejemplo, puedes reaccionar cada vez que un usuario comparta tu contenido. Esta es una forma de expresar gratitud al usuario y conseguir que te vea dos veces en sus notificaciones, mejorando tu posición en el ranking. Si comentas un contenido compartido, estarás abriendo una conversación no sólo con este seguidor sino con su audiencia, lo que también aumentará tu visibilidad.

También es recomendable responder a todos los comentarios de cualquier post que haya etiquetado tu cuenta. Aunque se trate de una crítica, es muy negativo para la marca ignorar las menciones directas de la audiencia. Además, estarías perdiendo la oportunidad de participar en conversaciones que no iniciaste pero a las que fuiste invitado. Es una buena forma de llegar a un público más amplio y aumentar el alcance orgánico.

Sin embargo, el principal canal de comunicación en Facebook que permite la interacción directa con los seguidores es Messenger. Esta aplicación de chat está integrada en la red social y conecta a todos los usuarios, aunque no sigan tu página de fans, o para perfiles personales si no forman parte de tu red de contactos. Messenger rompe la barrera de la conexión impersonal entre una marca y la audiencia a través de una pantalla, que solía ser un obstáculo para generar confianza y fidelidad.

Sin embargo, esto crea una nueva obligación para el usuario de la página de fans: Debe responder siempre a los mensajes directos. Si no compruebas tu bandeja de entrada de Messenger, darás la imagen de una marca que no valora a sus clientes, lo que ensombrecerá el resto de tus esfuerzos de marketing. Ponte en el lugar de tus seguidores: ¿Te seguiría interesando un perfil que no actualiza su contenido? No importa si tienes la mejor agenda de contenidos... Los usuarios buscan interacción personal con la marca, y un lugar donde se encuentra es en Messenger. Por lo tanto, si no revisas o contestas tus mensajes, tu audiencia sentirá que no estás interesado en mantener su atención. ¡Eso no es bueno para el negocio!

Es de esperar que tu bandeja de entrada de Messenger reciba muchos mensajes; esta situación exige gastos de tiempo y esfuerzo para leer y responder a cada uno de ellos. Afortunadamente, Facebook tuvo esto en cuenta y ofrece una función para preparar respuestas automáticas que se transmiten cuando un usuario te envía un mensaje directo. Puedes personalizar un mensaje de saludo para dar la bienvenida a un usuario que se pone en contacto contigo por primera vez. Facebook tiene respuestas preestablecidas, pero puedes modificar el mensaje para que se ajuste al tono de tu marca.

También puede elegir entre diferentes preguntas automáticas preestablecidas que tienen respuestas por defecto. Estas respuestas se envían automáticamente cuando el usuario formula una de esas preguntas. La gente es consciente de que son respuestas preestablecidas, que no las está escribiendo en el momento un representante de la marca, pero aun así siente que estás ayudando a satisfacer sus demandas. Un mensaje amable que diga "Deje su pregunta, alguien se pondrá en contacto con usted en breve" es más reconfortante que una caja blanca vacía.

Hay otra función en Messenger que permite programar determinadas respuestas cuando un mensaje entra en la bandeja de entrada y la cuenta está inactiva. De esta forma, independientemente del momento en que un usuario desee ponerse en contacto con la marca, siempre habrá alguien para responder.

CAPÍTULO 3: DECIDIR EL CONTENIDO DE TUS ENTRADAS

La estrategia de contenidos es el núcleo de toda la estrategia de marketing. No tiene sentido planificar una campaña omnicanal o invertir mucho dinero en la producción de contenidos sofisticados o en anuncios de pago si no existe un nexo de unión que dé sentido a todos los posts. Cada post es una decisión, una parte de un mensaje mayor que tu marca necesita transmitir claramente a la audiencia. Luego, la secuencia, la frecuencia y la medición de los resultados de las publicaciones constituyen el resto del proceso.

La recomendación esencial es publicar con regularidad, pero eso no significa que debas limitarte a publicar cualquier cosa que se te ocurra sólo para mantener tu ritmo de publicación. Debes crear una estrategia de contenidos que puedas mantener a lo largo del tiempo; de este modo, te ganarás una reputación de coherencia. Publicar en días relevantes con un significado específico para tu audiencia es otra forma de crear comunidad y te ayuda a encontrar contenido relevante para crear tus posts. Por ejemplo, si tu nicho es la tecnología, probablemente no publicarás sobre el Día Mundial del Elefante o el Día de la Independencia de un país que no sea el de tu audiencia principal.

Tiene que haber un concepto detrás de todo el contenido que se publique, con un significado alineado con la identidad de la marca y acorde con las características del público objetivo. Cuando parezca que no hay más ideas para contenidos innovadores, siempre puedes recurrir a tu público. Puedes intentar averiguar qué tipo de contenido motivaría a tu audiencia, y puedes utilizar las funciones de Facebook para seguir aportando valor a la comunidad. Una forma de empezar es preguntarles qué quieren ver. A veces, si la comunidad no participa en conversaciones, puedes iniciar una. Cualquier tipo de publicación puede ayudar a abrir una conversación, discutir un nuevo producto o averiguar preguntas frecuentes que los usuarios puedan tener sobre tu producto o servicio y que no estén incluidas en la página de fans.

Incluso cuando usted está a cargo de la estrategia de marketing y es quien planifica, crea y distribuye el contenido, siempre es la audiencia la que marca el ritmo.

Alternativas para publicar en Facebook

En el capítulo 1, hablamos de cómo el reconocimiento del buyer persona conduce a una mejor concepción del público objetivo. Además, averiguar el recorrido del cliente es un paso importante para decidir en qué fase de este recorrido su marca va a ayudar a su cliente a satisfacer sus necesidades y completar su compra. Existen formatos específicos para los distintos tipos de contenido que debe producir para satisfacer las expectativas de su público objetivo y acompañar con éxito al cliente a lo largo de su viaje. Un mensaje en un formato incorrecto tendrá resultados adversos aunque se trate de información relevante o tenga resonancia emocional.

Facebook permite muchos tipos de publicaciones: comentarios, actualizaciones de estado, expresiones de sentimientos, fotos y vídeos, entre otros. Todos ellos pueden funcionar, a veces en tándem, para generar compromiso con la audiencia si son precisos y adecuados para el mensaje que se intenta transmitir. Sin embargo, hay pruebas de que el contenido audiovisual es más atractivo que cualquier otra forma. Nuestro cerebro procesa las imágenes más rápidamente que el texto, por lo que es más probable que la gente preste atención y entienda un mensaje transmitido si tiene apoyo visual.

Sin embargo, algunas publicaciones con texto pueden ser eficaces mensajes de llamada a la acción y obligar a tu público a interactuar. Por ejemplo, puedes incluir preguntas con opciones para responder o reaccionar, utilizar actualizaciones de estado para expresar sentimientos o emociones, o tareas de rellenar espacios en blanco para que la gente complete algo sobre tu negocio. En general, no hay mucho texto en este tipo de publicaciones y, para hacerlas más atractivas, fáciles de leer y atractivas, siempre puedes utilizar emoticonos. Dan al texto un tono más amigable ante el que los lectores no pueden evitar reaccionar.

Para publicar contenido visual, Facebook tiene muchas opciones: fotografías, carruseles, vídeos nativos y retransmisiones de vídeo en directo. Cualquiera de ellos puede ser un buen recurso siempre que encaje con la identidad de la marca y el mensaje que transmita coincida con los objetivos de la empresa, organización o profesional.

Los posts basados en fotos son siempre recursos clave. A todo el mundo le gusta ver y compartir fotos, pero no pueden ser fotos de cualquier cosa. Tienen que reflejar la marca de alguna manera. Incluso cuando son más sutiles, como una campaña creativa que utiliza metáforas y mensajes subliminales, no tiene sentido publicar cosas que tu público no entenderá. Las campañas publicitarias tradicionales utilizan este tipo de contenidos para reforzar su identidad de marca. Transmiten implícitamente los valores que defiende la marca, y la audiencia reconocerá este terreno común. Es una forma de conectar con la audiencia y hacer que la marca sea fácilmente reconocible. Funciona bien para el objetivo de construir la marca, pero su mensaje es menos directo.

Crear galerías de fotos interesantes y coloridas y añadir fotos a tu timeline definitivamente hace que tu perfil sea más atractivo para tus seguidores, especialmente para los nuevos visitantes. Después de leer la sección "Acerca de" para saber más sobre el perfil y el producto o servicio, las fotos son la siguiente fuente de información relevante cuando un usuario llega a un perfil que le interesa. Es menos probable que un nuevo visitante se desplace por las noticias del perfil que visita por primera vez, pero una galería de fotos atractiva captará su interés y le llevará a saber más. Si no hay contenido, el perfil puede parecer abandonado. Ese visitante no se convertirá en seguidor y hay pocas posibilidades de que vuelva.

Los perfiles personales pueden publicar cualquier foto en cualquier momento, pero en los perfiles empresariales tiene que haber un motivo y un mensaje.

Además de fotografías, otras piezas gráficas pueden proporcionar un formato versátil para publicar todo tipo de contenidos: folletos e infografías, por ejemplo. Existen varios tipos de software de edición y aplicaciones con miles de plantillas preestablecidas que facilitan la creación de contenidos atractivos para proporcionar información, por ejemplo, sobre el producto o el servicio, para enseñar sobre algo o para crear contenidos entretenidos. Se recomienda utilizar colores de marca en todas las publicaciones para que los seguidores siempre asocien el contenido con tu marca. Esto ayuda a crear continuidad y permite que la marca cale hondo en la mente de los usuarios.

También se pueden presentar fotos y piezas gráficas en una secuencia. Se llaman carruseles y hacen que el usuario permanezca más tiempo en el perfil. Se trata de un formato útil para presentar información, guías prácticas, recomendaciones y descripciones de productos o servicios, entre otros muchos tipos de información que tus usuarios estarán buscando. Este tipo de publicaciones tienden a motivar interacciones más significativas. La gente puede hacer preguntas a través de los comentarios, etiquetar a amigos o familiares para transmitirles información útil que han encontrado, y pueden guardar la publicación para volver a verla más tarde. Todo esto ayuda a aumentar el alcance orgánico, por lo que merece la pena dedicar tiempo y creatividad a este tipo de contenidos.

Hay un nuevo tipo de contenido que se ha hecho masivo en los últimos años y ha marcado muchas tendencias online, los llamados "memes". Según el diccionario Merriam-Webster, un meme es "un elemento divertido o interesante (como una

imagen o un vídeo con título) o un género de elementos que se difunde ampliamente en línea, especialmente a través de las redes sociales". Las tendencias son, en
general, buenos recursos de marketing porque todo el mundo habla de ellas; las
marcas que utilizan memes trending en sus perfiles tienen grandes posibilidades
de que su contenido se replique en otros perfiles e incluso fuera de la red social
original. Sin embargo, es necesario tener una buena estrategia como respaldo, y
no depender únicamente de las tendencias para tu estrategia de marketing.

El formato estrella son, efectivamente, los vídeos. Facebook ha añadido una función para mostrar vídeos: Facebook Watch. Esta función permite publicar vídeos
nativos o retransmisiones en directo, siendo una gran opción para llegar a la audiencia de forma más directa. Una recomendación clave es que los vídeos no duren
más de dos minutos, y que los primeros nueve segundos sean irresistibles para el
usuario para que se quede viéndolos hasta el final. Aunque se siguen prefiriendo
las fotos para captar momentos importantes, se opta por los vídeos para conectar
de forma más instantánea con la audiencia, sobre todo la retransmisión en directo
para tener encuentros virtuales en tiempo real. Se crea una nueva sensación de
proximidad a través de la pantalla. Es el recurso más valorado por los creadores
de contenidos y las personas influyentes, pero cualquiera que dirija un negocio
puede obtener beneficios de los contenidos de vídeo, sobre todo cuando se editan
con habilidad y están respaldados por una buena estrategia de contenidos.

Los vídeos son los contenidos más atractivos y "ver vídeo" es uno de los botones
de llamada a la acción más atractivos para añadir a la página de fans en Facebook.
Sin embargo, los vídeos en directo funcionan mejor en Facebook, con resultados
más efectivos en el algoritmo.

Otro recurso útil que Facebook tomó prestado de otras redes sociales son las
historias. Son atractivas por su contenido breve, conciso y entretenido que sólo
está disponible durante 24 horas. Debido a su carácter efímero, los usuarios
tienden a consultarlas constantemente para no perderse nada. (Este fenómeno,
denominado "FOMO" -acrónimo de *fear of missing out (miedo a perderse algo)*-,
se *ha* estudiado y escrito ampliamente, y es una poderosa fuerza motivadora). Los

contenidos publicados en las historias pueden ser fotos o vídeos que muestran una experiencia envolvente al ocupar por completo la pantalla de los móviles. Son menos atractivos en otros dispositivos, pero es en el móvil donde la mayoría de la gente utiliza las aplicaciones de las redes sociales.

Las historias son geniales para crear continuidad para tu audiencia: Si publicas contenido constantemente en las historias, la audiencia verá tu marca más a menudo. Además, son un buen medio para interactuar con los seguidores, ya que tienen emoticonos de llamada a la acción para reaccionar a la historia y la opción de enviar un mensaje instantáneo directamente desde la publicación.

El contenido más frecuente de las historias son los anuncios importantes, las celebraciones y las promociones de ventas. En general, el contenido de las historias es espontáneo y su objetivo es sobre todo divertir o generar interacción, más que proporcionar información relevante.

Una gran estrategia de contenidos utiliza todos estos formatos y tipos de contenido en un calendario bien distribuido para informar, educar y entretener alternativamente con publicaciones coherentes. Cuanto más variado sea su contenido, más probable será que sus seguidores quieran guardarlo, ver nuevas publicaciones y compartirlas con sus propias redes sociales. Todas las publicaciones deben ser coherentes con la identidad de la marca y responder a los intereses del público objetivo.

Como cualquier otra red social, Facebook añade y mejora funciones constantemente. Es importante que mantengas tu estrategia actualizada al respecto; evolucionará en función de lo que ocurra en las redes sociales y de los cambios en las actitudes o tendencias predominantes. Un contenido interesante y de calidad siempre es innovador.

Cuentacuentos

El storytelling es una técnica cada vez más utilizada en la creación de marcas. Las empresas y organizaciones utilizan el storytelling para entrar en la vida de su público con historias que puedan reflejar la suya o inspirarles. Como se ha dicho, la gente no quiere que la persuadan para hacer una compra; la idea de que alguien intente venderle algo es molesta más que deseable. Ahora el marketing tiene que crear la sensación de que la gente decide libremente implicarse con una marca, y que adquirir un producto o servicio es algo más personal que un intercambio de bienes y dinero. El storytelling ofrece a las marcas una forma innovadora de conectar y crear un vínculo más íntimo con el público.

El objetivo principal es crear vínculos emocionales con el público a través de historias. La gente encontrará que estas historias pueden ser similares a las suyas, pero también les gustará saber que hay una historia detrás de la marca que les hace empatizar con ella.

Una historia bien contada puede influir en las decisiones de la gente más que cualquier otra estrategia publicitaria porque habla a sus emociones más que a sus matices intelectuales. El trasfondo de esas decisiones va más allá de la razón, por lo que la conexión con la marca es más fuerte y genuina. Las buenas historias invitan a los consumidores a actuar y a interactuar con el contenido, lo que a la larga les lleva a formar parte de la comunidad de la marca.

Contar historias es un antiguo método humano para crear vínculos y generar confianza. Sin embargo, no puede ser cualquier historia. Tiene que ser algo relevante, personal y auténtico. El público debe creer que detrás de todos los recursos literarios que se puedan utilizar, hay algo real y que merece la pena descubrir.

Para decidir qué historia contar y cómo presentarla, hay que tener claro el público al que va dirigida: Lo más relevante es la edad y el bagaje cultural del público al que se dirige. Además, hay que decidir de antemano qué emoción tocará la historia: felicidad, miedo, esperanza, inspiración, valentía, etc. Como todos los contenidos, las historias deben ser coherentes con la identidad de la marca.

La historia perfecta presenta un viaje en el que siempre hay transformación, mejora y aprendizaje. Como con cualquier historia, la gente necesita encontrar cosas que llevarse de ella. Esto implica que la historia debe ser atractiva pero sencilla, con personajes familiares que la gente recuerde fácilmente.

El comportamiento de los consumidores ha evolucionado con el tiempo y, ahora, la historia que hay detrás de la marca es incluso más importante que las características del producto o las ventajas del servicio. Del mismo modo, las marcas no compiten únicamente en calidad y precio, sino en lo mucho que la gente se siente identificada con ellas.

Hay varios recursos para contar una historia en Facebook. El uso de vídeos es probablemente el más común y eficaz, pero no es el único. No necesitas contar toda la historia en un solo post, así que puedes hacer formatos mixtos para proporcionar a los consumidores muchas piezas para recrear la historia. Puedes utilizar fotografías, vídeos, retransmisiones en directo, líneas de tiempo; el único límite es tu creatividad.

CAPÍTULO 4: EL COMPROMISO IMPORTA

El compromiso es un concepto fundamental para medir el rendimiento de las estrategias de marketing en las redes sociales. Alude al nivel de confianza o compromiso que los consumidores tienen con la marca. Puede medirse a través de las interacciones que el contenido publicado puede generar entre la audiencia. Cuantos más "me gusta", "comparto" o "comento" una publicación, mayor es el "*engagement*" de la misma.

En algunas ocasiones, el engagement se consigue de forma espontánea, pero si diriges un negocio, necesitas hacer que las cosas sucedan. Por lo tanto, si tu página de fans necesita más engagement, debes desarrollar una estrategia de contenidos para hacerla crecer. Si la audiencia no inicia una conversación, puedes motivarla a través de posts y campañas.

Facebook dispone de muchos recursos para aumentar la participación en tus publicaciones. Un mayor engagement no sólo ayuda a que tu página llegue a más gente, ya que el algoritmo premia la interacción, sino que también te ayuda a mejorar la comunidad entre tus seguidores. Crear publicaciones que fomenten la participación significa que tus seguidores interactuarán contigo y entre ellos en los comentarios.

Cómo crear una comunidad

Los usuarios de las redes sociales no sólo utilizan estas plataformas para entretenerse o como canales de información unidireccionales. Están ahí para conectar e interactuar, tanto con marcas y empresas como entre ellos. Por ello, las marcas necesitan construir espacios para que la audiencia tenga ese escenario en el que convertirse en protagonista y participar activamente.

Así que, además de crear contenidos de calidad, debes trabajar en la construcción de comunidades donde la gente pueda interactuar entre sí. Facebook pone a tu disposición diferentes funcionalidades para construir comunidad: grupos, eventos y catálogos, este último más enfocado a la venta.

Grupos

Los grupos de Facebook son comunidades que cualquier usuario puede crear para reunir a personas en función de intereses comunes. Según los datos, los grupos de Facebook reúnen a unos 400 millones de personas en todo el mundo. Publicar y participar en conversaciones dentro de los grupos puede aumentar tu alcance orgánico. Si implementas una estrategia que motive a tus seguidores a compartir tus contenidos con sus grupos de interés, eso significará más visibilidad para tu fan page. Además, ahí tienes una excelente herramienta para mejorar la segmentación de tus campañas: Cada grupo te dirá lo que les interesa.

Publicar contenido en grupos de Facebook ayuda a tu página de fans a llegar a personas que podrían estar interesadas en tu negocio, y los grupos también crean una sensación de fiabilidad. Es más probable que la gente tome una decisión basándose en la opinión del grupo. Es decir, algunas publicaciones del grupo tendrán más impacto que otras.

Los grupos son una buena forma de aumentar el alcance orgánico, pero también pueden, como verás más adelante, ayudarte a encontrar segmentos a los que dirigirte con anuncios de pago.

Sin embargo, crear un grupo y participar en él requiere esfuerzo y compromiso para convertirlo en una herramienta útil. Merece totalmente la pena, ya que el compromiso que se consigue creando comunidad tiene efectos a largo plazo.

Los grupos de Facebook exigen organización y participación activa. Hay tres tipos de grupos en Facebook: Públicos, Privados y Secretos. El tipo adecuado para la mayoría de las páginas de empresa de Facebook son los grupos públicos, que puede encontrar cualquier usuario de la red social sin requisitos especiales. Los grupos privados te darán más control sobre la comunidad, pero también restringirán tu alcance. Muchas empresas cobran por acceder a sus grupos privados y, si tienes un negocio de coaching, ésta puede ser una opción viable para ti. Pero ten en cuenta que un grupo privado no te ayudará a llegar a nuevos clientes.

Al crear un grupo, es importante rellenar toda la información relevante. En la descripción, debes centrarte no sólo en tu marca, sino también en los propósitos del grupo: qué encontrarán los usuarios en él, qué se llevarán y qué pueden aportar. También hay normas de convivencia que deben comunicarse explícitamente para que los usuarios las conozcan y acepten antes incluso de unirse al grupo.

A continuación, tienes que elegir cinco etiquetas que identifiquen al grupo y ayuden a los usuarios a encontrarlo. Todas esas etiquetas deben estar directamente relacionadas con tu negocio, y debes evitar metáforas o términos vagos; por ejemplo, si vendes libros, no uses una etiqueta que diga simplemente "crecimiento". Además, intenta utilizar las cinco etiquetas disponibles; cuantas más etiquetas, mejor (ya que están relacionadas con los motores de búsqueda).

También es importante fijar la ubicación. No importa si no tiene una tienda física o presta servicios materiales; a la gente le gusta saber que hay algo tangible -algo real- detrás del negocio. Así que no dejes ese espacio vacío. Elige la ciudad donde estás o donde están las oficinas centrales.

Al igual que la personalización del perfil de tu página de fans, las fotografías de perfil y de portada del grupo también son importantes. Elige fotos vinculadas a la marca, con colores que combinen con tu imagen.

Los grupos en Facebook pueden tener muchos administradores y moderadores. El administrador, o admin para abreviar, es el único que puede asignar distintas funciones dentro del grupo. Los moderadores tienen la enorme responsabilidad de mantener el flujo de la conversación, recibir y dar la bienvenida a nuevos miembros, intervenir cuando surge algún conflicto y gestionar a los nuevos miembros. Como el principal objetivo de los grupos es crear comunidad, también fomentan la interacción colaborativa.

Para mantener el interés de los miembros y fomentar la participación, es muy importante mantener un tono alineado con la marca, estar atento a los comentarios y preguntas, ofrecer siempre respuestas y destacar las contribuciones destacadas de los miembros. El objetivo es que tus usuarios desarrollen un verdadero sentimiento de pertenencia al grupo.

Conversaciones

Las redes sociales se inventaron para fomentar las conversaciones. Esta es la ventaja más notable frente a los canales de marketing tradicionales, por lo que debes utilizar tu página de fans de Facebook para crear una comunidad activa que participe regularmente en conversaciones. Facebook sigue siendo una de las más populares porque ofrece más opciones para interactuar y formar parte de conversaciones. Es la red social en la que la gente más comenta y se involucra en todo tipo de conversaciones, no sólo en los perfiles personales, sino especialmente en los perfiles empresariales. Es muy probable que expresen opiniones, hagan preguntas y respondan a las de otros usuarios, todo lo cual puede ser útil para tu alcance orgánico si aprendes a optimizarlo.

A veces puede resultar controvertido, pero hay formas elegantes de evitar los temas difíciles y llevar la conversación a un terreno más fructífero en el que se pueda hablar de su marca y de todas las ventajas de pertenecer a su comunidad. Las marcas que se atreven a participar en todo tipo de conversaciones, incluso las difíciles, son vistas como más reales y fiables. Por lo tanto, esto ayuda a aumentar tanto la visibilidad como el compromiso.

Eventos

Los entornos virtuales han brindado la oportunidad de reunirse sin compartir el mismo espacio físico. Para las empresas, esto se ha convertido en una gran ventaja. Puedes crear un evento para hablar con tu público, enseñarle un producto o servicio o fomentar la interacción, todo ello en línea.

Algunos eventos en línea son conferencias en línea -transmisión en directo o en vídeo-, seminarios, encuentros, talleres, presentaciones, celebraciones, por nombrar sólo algunos.

Los eventos son una herramienta increíble para aumentar el alcance orgánico, ya que puedes invitar a tus eventos a personas ajenas a tu comunidad de seguidores, y la gente puede compartirlos en sus propios perfiles, aumentando aún más el alcance.

Esta función de eventos te permite fijar un lugar y una fecha (hasta la hora) para reuniones en persona o en línea. No tienen por qué ser grandes ocasiones. Puedes crear un evento para coordinar un concurso en directo con premios, lanzar un nuevo producto o interactuar en directo con tu audiencia. El objetivo principal es llamar la atención de su público y darle la oportunidad de participar.

Los eventos también pueden ser privados o públicos. Cada una de estas opciones tiene ventajas de las que puedes beneficiarte. Mientras que los eventos públicos permiten que cualquier usuario tenga acceso y darán lugar a un mayor alcance, los eventos privados mejoran el compromiso, ya que benefician a los miembros de la comunidad de tu marca, dando a los usuarios una buena razón para formar parte de ella.

Catálogos de Facebook

Facebook también dispone de lugares específicos para canalizar las compras. Los catálogos de Facebook son funciones que te ayudan a promocionar tus productos y servicios y a proporcionar información relevante sobre ellos a los consumidores. Es como cualquier catálogo tradicional. Tiene todos los productos organizados en categorías con descripciones completas que ayudarán a los usuarios a encontrar lo que buscan y a conocer todo lo que necesitan saber para tomar una decisión y, finalmente, comprarlo. Los catálogos son más eficaces cuando tienen fotografías precisas para mostrar el producto con todos los detalles posibles. Los que tienen fotos son siempre más atractivos que los que sólo tienen texto.

Es importante incluir toda la información que un cliente pueda necesitar sobre el producto o el servicio. Los premios forman parte de esa información. Aunque piense que sus competidores tendrán acceso a información sensible sobre su empresa, es más probable que los clientes compren si disponen de toda la información necesaria a la hora de tomar una decisión de compra.

Estos catálogos, al estar en línea, pueden personalizarse para hacerlos interactivos y dinámicos. Tienen muchas características y ventajas, como las siguientes:

- Puede vincular el catálogo a otras redes sociales y otros embudos de ventas.

- Los productos y servicios pueden organizarse en categorías, lo que ayudará a los usuarios a encontrarlos más fácilmente y, al mismo tiempo, les mostrará productos similares o relacionados cuando naveguen por el catálogo. Los productos del catálogo pueden utilizarse en posts e historias, y las etiquetas pueden llevar a los usuarios a la categoría que buscan.

- Los catálogos también son eficaces para mostrar los productos disponibles en la tienda web. También pueden tener un fuerte impacto en la experiencia de los usuarios. Los usuarios necesitan saber si podrán comprar lo que están viendo. Esa es también una buena razón para mantener siempre actualizado su catálogo.

- El catálogo de Facebook permite crear colecciones. De esta forma, los usuarios tienen acceso a todos los productos similares o asociados, presentados de forma creativa y visualmente atractiva.

En función del mercado en el que desarrolle su actividad, puede elegir entre cuatro tipos de catálogos:

- Para el comercio electrónico.

- Viajes: vuelos, alojamiento, traslados, visitas turísticas y mucho más.

- Inmuebles: en alquiler o venta.

- Vehículos: coches, camiones, furgonetas, etc.

Debe elegir el catálogo que mejor se adapte a su negocio o actividad para tener acceso a la plantilla más adecuada para mostrar sus productos o servicios.

Los catálogos deben tener información relevante, fiable, completa y actualizada. Si un usuario entra en un catálogo y falta alguno de estos aspectos, puede repercutir negativamente en su experiencia. La experiencia del usuario determina si confiará en la página lo suficiente como para realizar una compra, seguirla y recomendarla a otras personas.

Como ocurre con todas las funciones de Facebook, existen ciertas normas específicas sobre lo que se puede incluir o no en un catálogo y cómo mostrar las descripciones. Es importante cumplir todas esas normas para evitar problemas o incluso la suspensión de tu cuenta.

CAPÍTULO 5: ANUNCIOS EN FACEBOOK: CÓMO CREAR CAMPAÑAS DE ÉXITO

Además del crecimiento orgánico y su eficacia, Facebook cuenta con herramientas específicas para empresas que te ayudarán a mejorar tu rendimiento en las redes sociales y aumentar tus ventas. Facebook sigue siendo el mejor y más eficaz canal para que los profesionales del marketing realicen campañas de pago.

Como Facebook se ha preocupado por la satisfacción de los usuarios, dándoles todo el control para personalizar su experiencia y tener en sus News Feeds sólo el contenido que eligen ver, la red también ha mejorado las opciones para hacer campañas de pago exitosas.

Contenidos de pago

El alcance orgánico no es la única forma de ampliar su audiencia y aumentar las conversiones. Las campañas de contenidos de pago pueden aumentar las interacciones, el tráfico dirigido al sitio web, las conversiones y el número de seguidores para hacer crecer tu comunidad.

En términos generales, las marcas buscan fidelizar a su público, y la mayoría de los esfuerzos se dirigen a potenciar ese vínculo, haciendo que los consumidores elijan la marca porque se identifican con sus valores. Sin embargo, lo que cualquier empresa necesita en última instancia es crecer. Una empresa necesita vender productos o servicios y, para conseguirlo, necesita no sólo tener clientes fieles, sino adquirir continuamente otros nuevos. Esto implica salir de su comunidad de seguidores, que ya han creado ese vínculo con la marca, y llegar a todos aquellos que no saben nada de ellos, o no saben lo suficiente como para preferirlos a los competidores.

El alcance orgánico puede atraer nuevos visitantes a tu página de fans, pero los anuncios de pago pueden tener efectos mucho más fuertes en periodos de tiempo más cortos.

Anuncios en Facebook

Facebook Ads es una de las mejores herramientas para hacer crecer tu negocio. Te permite crear publicaciones patrocinadas de muy diversos tipos: texto, vídeos, carruseles, fotos, o una mezcla de ellos, que persiguen el objetivo de llegar a un público más allá de tu comunidad de seguidores. La principal ventaja de Facebook Ads es que proporciona los medios para dirigirse a públicos amplios e identificar grandes posibilidades de segmentación. Esto significa que puedes personalizar tu anuncio en función de las características específicas de tu audiencia teniendo en cuenta la edad, la ubicación y los intereses, entre otros factores.

La publicidad en Facebook no tiene como único objetivo aumentar las ventas. Todo tipo de negocios y actividades tienen buenas razones para anunciarse en Facebook. Es una herramienta increíble para el comercio electrónico y para desarrollar negocios locales, ya que puedes promocionar tus productos o servicios utilizando una plataforma de amplio alcance, con la posibilidad de dirigirte a un público específico que te lleve a tu tienda online o a la interacción física.

Sin embargo, la publicidad en Facebook es útil para organizaciones o instituciones que prestan otro tipo de servicios, como educación, información o actividades comunitarias. Promocionar sus servicios y actividades a través de Facebook Ads ayuda a aumentar su reputación social y a conseguir que más personas participen en sus proyectos.

Para crear campañas de éxito en Facebook Ads, es muy importante entender el algoritmo. Los algoritmos siempre dirán qué tipo de contenido quiere tener la audiencia en su pantalla: Si lanzas una campaña de pago con contenido no deseado, el anuncio llegará a la audiencia, pero no tendrá efectos positivos. Si se trata de contenido irrelevante para los usuarios, el anuncio de pago no promoverá la interacción ni hará que quieran seguir tu página de fans.

Por lo tanto, después de decidir qué contenido cree que funcionará mejor para su público objetivo, tiene que decidir el objetivo específico de la campaña. Puede elegir entre tres tipos de objetivos:

- Reconocimiento. Este objetivo pretende aumentar el interés de los usuarios de Facebook por el producto o servicio que ofreces.

- Consideración. Se refiere a la intención de aumentar el interés en su empresa por parte de los usuarios que llegan a ver su anuncio de pago.

- Conversiones. Este objetivo se refiere al aumento de sus ventas a través de la publicidad de pago.

El objetivo más eficaz que persigue Facebook Ads es la consideración. Consiste en obtener más interacciones de la audiencia con el contenido, y más tráfico desde la página de fans hacia el sitio web o la tienda online. Las campañas de tráfico tienen más probabilidades de convertirse en conversiones, pero las interacciones son las mejores para mejorar el branding.

En función de los objetivos que determine, puede elegir entre los siguientes tipos de formatos diferentes: posts, anuncios de texto, vídeos, eventos, retargeting y anuncios de imagen. El formato más adecuado dependerá del tipo de contenido que publiques. Si tu objetivo principal es aumentar las conversiones, necesitas saberlo todo sobre los procesos de decisión que siguen los usuarios antes de comprar, por ejemplo, cómo buscan información, qué competidores buscan también antes de elegir y cuántas veces consultan los productos o servicios antes de completar el proceso.

Los anuncios en Facebook tienen muchas ventajas. La más importante es que puedes decidir el presupuesto para tu anuncio, ya que puedes decidir cuánto quieres gastar, seleccionar cuántos días quieres que se promocione tu publicación y cuán grande será la audiencia a la que pretendes llegar. Es muy flexible para que puedas optimizar el rendimiento de tu anuncio. También puedes personalizar la estrategia y decidir si quieres ganar impresiones y clics, ampliar tu alcance o dirigir más visitantes a tu sitio web.

Otra característica interesante que hace que los anuncios de Facebook sean una gran opción para hacer crecer tu negocio es que puedes añadir botones de llamada a la acción muy eficaces. Si has creado contenido atractivo, será fácil para el usuario realizar acciones como reservar, contactar, obtener acceso, descargar y mucho más. Aunque el usuario no decida seguir tu página, el resultado sigue siendo positivo, ya que consigues interacciones significativas.

Consideremos ahora los componentes más relevantes que debe tener un anuncio en Facebook para tener éxito. Como se ha dicho anteriormente, el contenido visual siempre rinde más, pero es muy recomendable acompañar las imágenes y sonidos con un copywriting estratégico para potenciar el mensaje transmitido. Aquí tienes algunos consejos para crear un buen post para anuncios:

Cree títulos atractivos: La primera línea de un post es lo siguiente que ve el usuario después de que la foto o el vídeo capten su atención. Al igual que los tres primeros segundos de un vídeo, la primera línea del texto debe hacer que el usuario quiera continuar hasta el final. El uso de emoticonos puede servir de apoyo visual al texto.

Escribe un texto interesante: Aunque el vídeo sea claro o la foto se explique por sí sola, el texto ayudará a la audiencia a entender mejor el mensaje que quieres transmitir. Puedes añadir preguntas y encuestas y utilizar emoticonos y hashtags. Todos los elementos que incluyas deben ser coherentes con el concepto general del post. Hacer un texto más visual no debe llevarte a utilizar recursos que distorsionen el mensaje. El humor no siempre es la mejor opción; la informalidad no es coherente con la identidad de todas las marcas. Opta por lo que se adapte a la identidad de tu marca.

Incluye piezas gráficas: Aquí puedes elegir entre fotos, folletos, infografías, posts sueltos o un carrusel. El tipo de formato depende del contenido. Intenta pensar cómo recibirá mejor el mensaje el usuario. Si has optado por el storytelling, una secuencia de imágenes sería una buena elección; si estás promocionando unas rebajas del Black Friday, una única diapositiva efectiva funcionará mejor. En cualquier caso, la calidad del diseño, la inclusión de fotografías o vídeos de alta definición y el uso de colores de marca son siempre recomendables. Puede que el usuario vea tu marca por primera vez, y quieres que la recuerde.

Añade botones de llamada a la acción: Puedes añadir una llamada a la acción en el texto, pero los anuncios de Facebook también te permiten añadir botones a la publicación. Por ejemplo, puedes invitar al usuario a visitar tu perfil, darle a "me gusta" en tu página de fans y enviarte un mensaje. Esta es la mejor manera de obtener interacciones más significativas y conseguirás un mejor rendimiento en la clasificación de Facebook.

Otra herramienta para sacar el máximo partido a los anuncios de Facebook es **el píxel de Facebook.** Se trata de un código que te ayuda a optimizar el rendimiento de las publicaciones de pago midiendo y obteniendo información de los perfiles de tus visitantes. Por lo tanto, puedes saber qué tipo de contenido prefieren y utilizarlo para diseñar tu campaña. Pixel te permite crear un recorrido del cliente para saber qué hace que los visitantes compren, compartan y les guste, y si atraen a la audiencia esperada, puedes reorientar la campaña para atraerlos.

Algunas recomendaciones

A pesar de la tentación que existe al crear anuncios de pago de llegar a tanta gente como te permita tu presupuesto, siempre es aconsejable dirigirse a un segmento de tu audiencia. Si te diriges a las personas equivocadas, te verás afectado negativamente en dos sentidos: empeorará tu rendimiento en el ranking de Facebook y perderás tiempo y dinero.

Personalizar la audiencia en función de la ubicación geográfica, la edad, el sexo, la profesión y los intereses garantizará que su dinero produzca los resultados esperados. La intención principal no debe ser sólo conseguir más clics o aumentar los seguidores, sino también incrementar la interacción. Se trata de un objetivo con resultados a largo plazo, ya que al final se traducirá en un crecimiento más orgánico.

Por último, el crecimiento orgánico es útil y ofrece opciones ilimitadas si tienes creatividad y una gran estrategia de contenidos. Sin embargo, Facebook Ads Manager es la herramienta más eficaz para hacer que tu negocio crezca rápidamente, y no hay razón para evitarla. Dirigir un negocio siempre implica invertir dinero, en particular, en campañas de marketing. Entre todos los medios posibles para implementar una estrategia de marketing, Facebook es el que combina bajo coste, fácil implementación, medición y evaluación constante del rendimiento, y resultados más rápidos.

CAPÍTULO 6: MÉTRICAS Y KPI

Cualquier estrategia en los negocios necesita, ante todo, diseñarse de acuerdo con una investigación previa para conocer el público objetivo y ciertos objetivos preestablecidos a alcanzar. Después, requiere una secuencia de pasos para aplicar la estrategia. En este caso, una estrategia de marketing en Facebook necesita una planificación cuidadosa de las publicaciones de distribución de pago y no de pago para aumentar todos los tipos de alcance simultáneamente. La siguiente etapa consiste en medir y evaluar el rendimiento de los contenidos publicados para decidir si la estrategia está conduciendo a los resultados esperados o si no se están cumpliendo según lo previsto.

La medición y la evaluación de la estrategia no tienen por qué situarse al final del proceso. De hecho, se trata de un proceso iterativo: La medición y el análisis del rendimiento a lo largo de toda la campaña permiten hacer los cambios necesarios cuando las cosas no funcionan como se esperaba.

Puede resultar difícil decidir qué y cómo medir. A veces, las percepciones personales pueden llevar a conclusiones erróneas. Puede que estés muy contento con una campaña porque las fotos eran increíbles y la historia que contabas muy conmovedora, pero la conclusión es que si tu público no tuvo una reacción receptiva, fue ineficaz. Por eso las redes sociales, y en este caso Facebook en concreto, te proporcionan las herramientas precisas para disponer de estadísticas significativas que te permitan determinar si tu campaña está teniendo los resultados esperados.

Facebook Insights te proporciona todo tipo de estadísticas para ayudarte a evaluar el rendimiento de tus publicaciones, de modo que puedas realizar los cambios necesarios en futuras campañas para optimizarlas aún más.

¿Qué son y por qué son importantes?

Lo primero que hay que tener en cuenta es que no todas las estadísticas son relevantes para tu estrategia. Casi todos los aspectos de la realidad pueden medirse de alguna manera, y en las redes sociales hay muchas métricas que puedes utilizar. Sin embargo, manejar grandes cantidades de información no garantizará una mejor comprensión de los cambios que hay que hacer. Por el contrario, será más bien una pérdida de tiempo o incluso te llevará a hacer suposiciones incorrectas.

Mientras que cada KPI es una métrica, no todas las métricas son KPI. Aquí hay una diferencia significativa para entender Facebook Insights. Las métricas son cualquier tipo de información cuantificable que se puede medir. Es decir, cualquier cosa que pueda contarse y expresarse mediante números, porcentajes y tasas.

Para hacer un seguimiento de determinados aspectos de la empresa o de la estrategia en marcha, por ejemplo, se necesitan los indicadores adecuados. Son los KPI: Indicadores Clave de Rendimiento. Están vinculados al objetivo principal de la empresa. Esto significa que cada negocio, cada esfuerzo de marketing y cada estrategia de contenidos tendrán diferentes KPI en función de los objetivos preestablecidos.

Veamos un ejemplo: si el objetivo de tu estrategia era ampliar tu red social en Facebook, los KPI no serán los mismos si lo que pretendías era traccionar a tu audiencia hacia tu web, o si el objetivo final era convertir visitantes en compras. Cada uno de ellos necesita medir diferentes tipos de comportamiento de los usuarios.

No obstante, es igual de importante hacer un seguimiento tanto de las métricas como de los KPI, sólo que con una idea clara de a qué destino te llevará toda esa información. Mientras que las métricas proporcionarán una evaluación general del negocio y te permitirán identificar los puntos débiles en las experiencias de tus usuarios cuando interactúan con tu marca a través de Facebook, los KPI detectarán aspectos específicos de la estrategia que debes reforzar o ajustar.

Facebook Insights y Facebook Audience Insights

Facebook cuenta con dos herramientas que te permiten realizar un seguimiento de las métricas y los KPI: Facebook Insights y Facebook Audience Insight. Facebook pone a tu alcance estos dos recursos fáciles de usar para proporcionarte un flujo constante de información relevante. Una vez que aprendes a leer las estadísticas y los gráficos, se convierte en una etapa natural de la implementación de la estrategia.

Facebook Insights es un panel de análisis en el que puedes seguir el comportamiento de los usuarios y el rendimiento de las publicaciones en tu página de empresa de Facebook. Además de proporcionar métricas clave como las visitas a la página y el alcance de las publicaciones orgánicas y de pago, la plataforma también recomienda páginas de la competencia que conviene observar y seguir. Nos permite realizar un seguimiento de las métricas de participación de la audiencia, así como de factores como la información demográfica sobre la audiencia, cómo se comportan e interactúan con el contenido, su compromiso con la página de fans y también cierta información sobre los competidores.

El botón "Insights" se encuentra en la barra lateral de la página de inicio de la fan page. Allí tendrás acceso a diferentes gráficos con datos sobre acciones en la página, vistas y previsualizaciones, likes, alcance de posts e historias, entre otros. También hay un gráfico con información específica sobre el rendimiento de tus posts: a cuántos perfiles llegó cada uno de ellos, entre otras mediciones de su engagement. Para ayudarte a profundizar en las métricas, Facebook ha clasificado la información en categorías como seguidores, anuncios, alcance, páginas vistas y acciones.

Se trata de una información clave para comprender mejor a tu audiencia, identificar qué tipo de contenido consigue más engagement y realizar todos los cambios necesarios en la estrategia global, o algunos pequeños ajustes en el calendario de publicaciones para reforzar o sustituir un determinado tipo de contenido.

La otra herramienta, Facebook Audience Insight, se utiliza para campañas publicitarias y ayuda a los profesionales del marketing a comprender el público de Facebook en general (que también puede incluir a quienes siguen tu página). También se conoce como "Ads Insights API".

Qué y cuándo medir

Para conocer en profundidad lo que es relevante medir en Facebook y hacer un análisis preciso de los datos, hay dos conceptos principales a tener en cuenta: alcance e impresiones.

- **Alcance:** Muestra el número de personas que han visto el contenido publicado en la página de fans. Esta categoría se divide en tipos: seguimiento del tráfico orgánico y de pago, respectivamente.

- **Impresiones:** Es el número de veces que un post publicado en la fan page fue mostrado en las pantallas de los usuarios. Las impresiones orgánicas cuentan el número de veces que los usuarios vieron tu post publicado de forma gratuita; las impresiones de pago se refieren a las pantallas de los usuarios a las que llegó tu post a través de la distribución de anuncios.

La primera métrica es más general y aproximada, mientras que la segunda es más específica y precisa.

Veamos ahora con más detalle todas las acciones de la página y las interacciones de la audiencia que se pueden medir en Facebook:

Páginas vistas: Es el número de veces que se llega a la página dentro de Facebook o desde fuera de la red social.

Me gusta o aumento de seguidores de la página: Es el número de usuarios de Facebook que han hecho clic en el botón "Me gusta" y, por lo tanto, ahora son seguidores de una página de fans. No solo debes medir cuántos seguidores ganas, sino también cuántos has perdido.

Acciones en la página: Estas métricas cuentan el número de acciones que realiza cualquier usuario en la página de fans, por ejemplo, hacer clic en un enlace de la web.

CTR (porcentaje de clics): Se calcula dividiendo el número de clics en un enlace por el número de impresiones. En pocas palabras, cuenta el número de clics en una publicación. Facebook sigue teniendo la tasa de CTR más alta de todas las redes sociales. Se aplica tanto a las publicaciones gratuitas como a las de pago.

CPC (Coste por clic): Mide específicamente los anuncios de pago. Calcula cuánto dinero se invirtió en cada clic que recibió el anuncio de pago.

Alcance de la publicación: Se refiere al número de perfiles de Facebook que han accedido a tu publicación.

Participación en la publicación: Cuenta las interacciones que los usuarios tuvieron con la publicación: reacciones, me gusta, compartir y comentarios.

Mejor momento para publicar: Como se ha comentado anteriormente, la importancia de la planificación incluye saber cuál es el mejor momento del día y de la semana para publicar contenidos. Esto está relacionado con los momentos del día en que las audiencias son más activas. Según datos publicados, los viernes hay un 17% más de comentarios, un 16% más de me gusta y un 16% más de compartidos. Durante la semana, el mejor momento para publicar es entre las 13.00 y las 16.00 horas. Sin embargo, estas son estadísticas generalizadas, y dependiendo de tu negocio podrías obtener mejores resultados en diferentes momentos del día/semana. Por eso es importante hacer un seguimiento y probar diferentes estrategias para aumentar la participación.

Luego, hay algunas métricas específicas para medir el rendimiento de los vídeos:

Minutos vistos: Es la cantidad total de minutos que los usuarios permanecieron viendo un vídeo publicado en la página.

Visualización de vídeos: Los vídeos se muestran automáticamente a medida que los usuarios llegan a ellos mientras se desplazan. Para que cuente como visualización de vídeo, el usuario debe ver el vídeo durante tres segundos o más.

Retención de audiencia: Se incluye en las métricas de vídeo, ya que muestra cuánto tiempo ve un usuario un vídeo publicado en tu página.

Al principio, puede parecer demasiada información para procesar. Sin embargo, las métricas son cruciales para medir el rendimiento de tu página de fans y el compromiso con la audiencia. Cada una de ellas muestra un aspecto concreto de la página y el comportamiento de los seguidores que interactúan con ella. Los KPI que se seleccionarán vienen definidos por los objetivos específicos que elijas al planificar la estrategia.

Informes de Facebook Insights

Todas estas métricas generan una cantidad considerable de información que es necesario sistematizar y, posteriormente, analizar. Si no dispone de un registro preciso de estos datos, no podrá realizar cambios útiles como resultado.

Por lo tanto, la forma en que utilizas Facebook Insights es crucial para tener una correcta comprensión de tus métricas. El objetivo principal de un informe de métricas y KPIs es reflejar el rendimiento de una campaña o de la marca, en función del periodo de tiempo o de los indicadores que se hayan elegido. Muestran el impacto de la estrategia implementada y permiten evaluar los resultados en función de los objetivos preestablecidos.

Hacer informes de las métricas de Facebook tiene muchas ventajas:

- Es la mejor manera de hacer un seguimiento de todos los resultados de una campaña en Facebook, contrastarla con otras y ponderar los resultados dentro de una estrategia global.

- Una presentación clara y organizada de los datos estadísticos es la mejor manera de hacer un seguimiento de la eficacia sin distorsiones subjetivas.

- Una información precisa y oportuna puede evitarle tomar decisiones equivocadas o basarlas en suposiciones erróneas.

- Es la forma más fiable de conocer el rendimiento de la inversión (ROI) de toda la estrategia.

Esto no es sólo para las empresas que tienen un equipo de community management o un departamento de comunicación. Cualquier empresa o actividad profesional que cuente con una estrategia de marketing necesita seguir algunos pasos para que tenga éxito. Saber cómo funciona y medir los resultados son algunos de los pasos más importantes.

Facebook Insights y la API proporcionan datos estadísticos actualizados todos los días. Sin embargo, los números son información útil solo cuando se utilizan con precisión. No es recomendable consultar Insights todos los días o justo después de lanzar una nueva campaña o publicar un post para estar al tanto de su rendimiento.

Los datos de Facebook Insights y de la API deben volcarse en plantillas adecuadas. La forma de presentar estos datos influye en la comprensión de la información. No existe ninguna plantilla preestablecida infalible, por lo que cada responsable de marketing decidirá cuál funciona mejor para sus necesidades específicas. En cambio, las API permiten exportar la información en un archivo preestablecido.

También es importante decidir qué contenidos son relevantes y merecen incluirse en el informe, y cuáles pueden dejarse de lado. Como ya se ha dicho, más no siempre es mejor. Del mismo modo, la cantidad adecuada de información es más útil cuando está bien sistematizada y presentada. El informe final debe destacar sólo los datos principales y debe quedar claro si los objetivos se alcanzaron o no.

Facebook Insights: Claves para interpretar los datos

Los números y las estadísticas pueden ser complicados, sobre todo si no eres un especialista. Lo más importante es saber a qué preguntas hay que responder en relación con el rendimiento de la empresa. Eso te ayudará a acotar los indicadores que tienes que medir y seguir.

Estas preguntas pueden surgir fácilmente de los objetivos que fijaste para la estrategia inicial. Cuanto más limitados sean esos objetivos, mejor se medirán los resultados.

CONCLUSIÓN

En el mercado global, todo el mundo necesita satisfacer la demanda y ofrecer algún tipo de solución. Sólo es cuestión de estar en el lugar adecuado y comunicar con precisión. Hace mucho tiempo, los estudios de mercado tenían que invertir mucho tiempo y dinero para concluir qué negocio sería más rentable dirigir, dónde vender productos o servicios y cómo llegar a los consumidores adecuados. El marketing es el arte de persuadir a la gente para que consuma, ya sea a los que tienen intención de hacerlo o a los que lo han encontrado gracias a las campañas de marketing.

Hace apenas unos años, algunas reglas empezaron a cambiar. Ahora, las estrategias de marketing se basan sobre todo en las redes sociales. Los comportamientos de los consumidores han cambiado, por lo que la forma de llegar a ellos tiene que adaptarse a esos cambios. Mientras que antes las campañas de marketing trataban de instalar productos en el mercado para aumentar las ventas de la empresa, ahora la relación se ha invertido. La misión del marketing es saber qué interesa a la gente, cuáles son sus necesidades y cómo preferirían satisfacerlas. Después, las empresas se esforzarán por hablarles de un modo que el público escuche.

Las redes sociales han creado comunidades más amplias y sin fronteras en las que personas de cualquier lugar pueden participar en conversaciones globales que marcarán tendencias y hábitos de consumo. Estas redes sociales basadas en Internet se han convertido en un territorio fructífero para que las empresas hagan crecer sus estrategias de marketing. Allí, empresas, organizaciones, personas influyentes y profesionales, pueden llegar para que sus productos y servicios satisfagan las necesidades de la gente. A través de las redes sociales, las empresas no pretenden persuadir a las personas para que compren, sino mostrarles lo mucho que tienen en común y cómo las marcas pueden hacerlas más felices y sentirse más satisfechas. Las empresas no venden productos a la gente; la gente elige marcas que reflejan su propia identidad.

Entre todas las redes sociales, Facebook sigue siendo la más popular y la que cuenta con más usuarios activos en todo el mundo. A pesar de los muchos competidores que han surgido en los últimos años, Facebook siempre encuentra la forma de actualizar sus funciones y seguir añadiendo herramientas para convertirlo en un potente recurso de marketing para todo tipo de actividades empresariales y sin ánimo de lucro.

Espero que este libro te haya resultado informativo y perspicaz en lo que respecta al marketing en Facebook. El panorama de las redes sociales está en constante cambio y evolución, con nuevas funciones, algoritmos y tendencias que surgen de forma aparentemente constante. El siguiente paso es crear una página de Facebook para tu marca o empresa y empezar a poner en práctica algunas de las estrategias compartidas en este libro.

Gracias por tomarte el tiempo de leer esta guía y te deseo mucha suerte en tus esfuerzos de marketing en las redes sociales.

www.ingramcontent.com/pod-product-compliance
Lightning Source LLC
Chambersburg PA
CBHW071519210326
41597CB00018B/2814

* 9 7 8 1 9 6 3 8 1 5 8 7 0 *